MINISTÈRES DE LA MARINE ET DE L'INSTRUCTION PUBLIQUE.

MISSION SCIENTIFIQUE DU CAP HORN.

1882-1883.

TOME VI.

ZOOLOGIE

POISSONS,

PAR

LÉON VAILLANT.

PARIS,
GAUTHIER-VILLARS ET FILS, IMPRIMEURS-LIBRAIRES
DE L'ÉCOLE POLYTECHNIQUE, DU BUREAU DES LONGITUDES,
Quai des Grands-Augustins, 55.

1888

POISSONS.

POISSONS,

PAR

M. Léon VAILLANT,

PROFESSEUR AU MUSÉUM D'HISTOIRE NATURELLE

INTRODUCTION.

L'étude des Poissons de la faune antarctique, à laquelle appartiennent les régions situées à l'extrémité Sud du nouveau continent, a, dans ces dernières années, fait de très grands progrès et les travaux de la Mission du cap Horn viennent encore augmenter sur ce point l'étendue de nos connaissances.

Dans les auteurs anciens nous ne trouvons que peu d'indications sur les Poissons de ces contrées d'un abord difficile, surtout à cette époque; Cuvier et Valenciennes citent bien quelques espèces de Patagonie et du Chili se rapportant à cette faune, mais il faut arriver aux travaux plus modernes de Jenyns [1] et de Richardson [2] pour avoir une idée précise du sujet. Ces zoologistes en ont même si nettement posé les bases, qu'on n'a fait à partir de cette époque qu'ajouter quelques

[1] Jenyns. *The Zoology of the voyage of H. M. S. « Beagle »*, Part. IV : *Fish*. London; 1842.

[2] Richardson. *Ichthyology of the voyage of H. M. S. « Erebus » and « Terror »*. London; 1844-1848.

détails, sans modifier sensiblement les conclusions premières qu'on pouvait tirer de leurs travaux, dont les résultats se trouvent repris dans le Catalogue du British Museum par M. Günther ([1]).

Depuis la publication de ce dernier Ouvrage, les auteurs ont cependant fait connaître différentes formes nouvelles ou précisé l'habitat de certaines espèces. Citons d'une manière particulière le travail de M. O'Cunningham, sur les collections rapportées par le *Nassau* ([2]), et la description de quelques types nouveaux par M. Steindachner ([3]), lequel y ajoute d'intéressantes remarques sur la valeur zoologique de plusieurs espèces anciennement connues. Il n'est pas inutile de rappeler bien que se rapportant à un point déjà quelque peu éloigné de la région, qui fait ici particulièrement l'objet de notre travail, la liste des poissons de l'île Kerguelen, par M. Studer ([4]). Enfin, vers la même époque, M. Günther étudiait dans un savant Mémoire les Poissons côtiers recueillis à bord du *Challenger* ([5]), en établissant des listes fort complètes des espèces trouvées soit au détroit de Magellan et aux îles Falkland, soit aux îles Kerguelen et du Prince-Édouard. C'est avec ces documents que le savant ichtyologiste donnait, en 1880 ([6]), un très intéressant aperçu de la composition de la faune antarctique en ce qui concerne l'Ichtyologie.

Depuis, il a fait connaître la collection rapportée de ces régions par l'*Alert* ([7]) et M. J.-G. Fischer ([8]) a eu l'heureuse chance de pouvoir

([1]) Günther, *Catalogue of the Fishes in the British Museum*; 1859 à 1870.

([2]) Cunningham, *Notes on the Reptiles, Amphibia, Fishes, Mollusca and Crustacea, obtained during the voyage of H. M. S. « Nassau » in the years* 1866-1869. (*Trans. Linn. Soc. London*, t. XXVII, p. 465; 1871.)

([3]) Steindachner, *Ichthyologische Beiträge* (III). (*Sitz. k. Akad. Wiss. Wien*, t. LXXII, p. 29; 1875.)

([4]) Studer, *Die Fauna von Kerguelensland*. (*Arch. f. Naturgesch.*, 45e Jahrg., Ie Part., p. 104; 1879.)

([5]) Günther, *Report on the Shore Fishes procured during the voyage of H. M. S. « Challenger », in the years* 1873-1876; 82 pages, XXXII Pl. London; 1880.

([6]) Günther, *An introduction to the study of Fishes*, p. 248 et 289. London; 1880.

([7]) Günther, *Reptiles, Batrachian and Fishes. Account of the zoological collections made during the survey of H. M. S. « Alert » in the straits of Magellan and on the coast of Patagonia*. (*Proceed. zool. Soc. London*, p. 18; 1881.)

([8]) Fischer, *Ueber Fische von Süd-Georgien*. (*Jahrb. hamburgischen Wissensch. Anstalten*, t. II, p. 49; 1885.)

étudier quelques animaux venant d'un point peu exploré jusqu'ici, la Géorgie méridionale, île que sa proximité relative des îles Falkland et du cap Horn peut faire légitimement regarder comme se rapportant à cette même province zoologique.

En réunissant ces différentes données, on arrive à dresser la liste suivante des Poissons observés dans la région de la Terre de Feu, y compris les îles Falkland et la Géorgie méridionale citées plus haut.

LISTE DES POISSONS CONNUS DE LA RÉGION FUÉGIENNE,

EXTRÉMITÉ SUD DU NOUVEAU CONTINENT, ILES FALKLAND, GÉORGIE MÉRIDIONALE [1].

Sous-Classe ELASMOBRANCHII.

*1 *Scyllium chilense* Guich. (1848).
2 *Acanthias vulgaris* (L.) Risso (1757).
*3 *Acanthias Lebruni* n. sp.
4 *Spinax granulosus* Günt. (1880).
*5 *Raja brachyura* Günt. (1880).
*6 *Psammobatis rudis* Günt. (1870).
*7 *Callorhynchus antarcticus* Lacép. (1798).

Sous-Classe TELEOSTEI.

Ordre **Lophobranchii**.

*8 *Leptonotus Blainvilleanus* E. et G. (1837).
9 *Protocampus hymenolomus* Rich. (1848).

Ordre **Chorignathi**.

Sous-Ordre Abdominales.

*10 *Clupea arcuata* Jen. (1842).
*11 *Maurolicus parvipinnis* n. sp.
12 *Haplochiton zebra* Jen. (1842).
13 *Haplochiton taeniatus* Jen. (1842).
*14 *Galaxias maculatus* Jen. (1842).
*15 *Galaxias attenuatus* Jen. (1842).
16 *Galaxias alpinus* Jen. (1842).
17 *Galaxias Coppingeri* Günt. (1881).

(1) Un astérisque indique les espèces dont il est fait mention dans la partie descriptive, sous le même numéro d'ordre, et qui ont été rapportées par la Mission.

Pour la facilité des recherches, surtout en ce qui concerne les espèces récemment connues, après chaque nom spécifique se trouve l'année dans laquelle la description a été publiée.

Sous-Ordre ANACANTHINI.

*18 *Genypterus chilensis* Guich. (1848).
*19 *Muraenolepis orangiensis* n. sp.
*20 *Merluccius Gayi* Guich. (1848).
21 *Maynea patagonica* Cunn. (1871).
22 *Melanostigma gelatinosum* Günt. (1881).
23 *Gymnelichthys antarcticus* Fisch. (1885).
*24 *Lycodes latitans* Jen. (1842).
*25 *Lycodes fimbriatus* Jen. (1842).
*26 *Lycodes variegatus* Günt. (1862).
27 *Lycodes macrops* Günt. (1880).
28 *Macruronus Novae-Zelandiae* Hect. (1871).
29 *Hippoglossina macrops* Steind. (1876).
30 *Hippoglossina microps* Günt. (1881).
31 *Thysanopsetta Naresi* Günt. (1880).

Sous-Ordre ACANTHOPTERYGII.

*32 *Atherinichthys laticlavia* C. V. (1835).
33 *Atherinichthys alburnus* Günt. (1861).
*34 *Enantioliparis pallidus* n. g. et sp.
35 *Enantioliparis Steineni* Fisch. (1885).
36 *Tripterygium* (?) test. Cunn. (1871).
37 *Cristiceps argentatus* Risso (1810).
*38 *Harpagifer bispinis* Rich. (1848).
39 *Sclerocottus Schraderi* Fisch. (1885).
*40 *Notothenia tessellata* Rich. (1848).
*41 *Notothenia squamifrons* Günt. (1880).
*42 *Notothenia longipes* Steind. (1875).
*43 *Notothenia sima* Rich. (1848).
44 *Notothenia angustifrons* Fisch. (1885).
*45 *Notothenia cornucola* Rich. (1848).
*46 *Notothenia cyaneobrancha* Rich. (1848).
47 *Notothenia Hassleriana* Steind. (1875).
48 *Notothenia marmorata* Fisch. (1885).
49 *Notothenia elegans* Günt. (1880).
*50 *Notothenia macrocephala* Günt. (1860).
*51 *Chaenichthys esox* Günt. (1861).
52 *Chaenichthys georgianus* Fisch. (1885).
*53 *Cottoperca Rosenbergii* Steind. (1875).
*54 *Eleginus maclovinus* C. V. (1830).
55 *Aphritis porosus* Jen. (1842).
56 *Aphritis gobio* Günt. (1880).
57 *Neophrynichthys latus* Hutt. (1876).
*58 *Thyrsites atun* Euph. (1791).
*59 *Seriolella porosa* Guich. (1848).
*60 *Agonus chiloensis* Jen. (1842).
*61 *Agriopus hispidus* Jen. (1842).
62 *Agriopus peruvianus* C. V. (1829).
63 *Sebastes oculatus* C. V. (1833).
*64 *Percichthys laevis* Jen. (1842).
65 *Percichthys trucha* C. V. (1833).

SOUS-CLASSE CYCLOSTOMATA.

*66 *Myxine australis* Jen. (1842)

Pour compléter cette liste, il conviendrait peut-être d'ajouter le genre *Bovichthys*, cité par M. Günther de la région fuégienne, mais ces Poissons, tout en appartenant à la faune antarctique, ne me paraissent pas avoir été rencontrés avec certitude en ce point; bien qu'une même espèce, le *Bovichthys diacanthus*, Carm., ait été prise, d'après les auteurs, et à Tristan da Cunha et au Chili, je ne sache pas que personne l'ait observé plus au Sud ([1]).

Enfin M. Steindachner, dans le travail précité, indique les *Mugil* comme descendant jusqu'aux parties méridionales de la Patagonie, sans donner d'ailleurs d'indication plus précise.

Ajoutons qu'aux soixante-six espèces énumérées dans le Tableau s'en adjoindront certainement d'autres; quelques-uns des dessins. rapportés par les Membres de la Mission du cap Horn, n'ont pu être déterminés par suite de la non-conservation des exemplaires, et indiquent des formes différentes de celles déjà connues. Or, en 1880, M. Günther n'en comptait que trente et une; on voit qu'il a fallu moins de vingt ans pour que ce nombre ait plus que doublé.

Toutefois, les espèces nouvelles se rapportent pour la plupart à des genres ou à des groupes déjà signalés dans la région.

Si on laisse de côté les Poissons des eaux douces, *Galaxias, Haplochiton* et *Percichthys*, dont l'importance au point de vue de la faune générale est moindre, pour ne considérer que des espèces marines, les changements apportés par les nouvelles découvertes peuvent se résumer de la manière suivante.

En ce qui concerne les *Elasmobranchii*, les genres *Scyllium* et *Spinax* sont venus s'ajouter aux *Acanthias* déjà connus : ils appartiennent à la même famille que ce dernier; les *Raja* et les *Psammobatis* avaient été précédemment signalés, mais la découverte du genre *Callorhynchus* sur ce point offre un certain intérêt. Le total des espèces pour cette sous-classe se trouve en résumé porté de trois à sept.

Les *Lophobranchii* sont peu nombreux et restent sans changement.

Il en est à peu près de même pour les *Abdominales*. Cependant ce sous-ordre, dont on ne connaissait dans les régions magellaniques aucun représentant marin, en offre aujourd'hui deux : le premier appartient à la famille des *Clupeidæ*, l'autre à celle des *Sternoptychidæ* : celui-là paraît même se trouver en certaine abondance.

Le nombre des espèces d'*Anacanthini* a doublé et celui des genres se trouve porté de quatre à dix. Les *Genypterus* et les *Murænolepis* vien-

([1]) M. Günther cite également le genre *Lotella* comme de la région fuégienne.

nent y faire connaître la famille des *Ophidiidæ*, au moins est-ce à celle-ci que ce dernier genre me paraît devoir être rapporté, bien que la présence d'une première dorsale rudimentaire le rapproche également des *Gadidæ*. Enfin une adjonction fort curieuse est celle de la famille des *Macruridæ* avec le *Macruronus Novæ-Zelandiæ* Hect., rapporté des régions magellaniques par le *Challenger*.

Cependant les *Acanthopterygii* restent encore les plus abondants et se sont accrus dans la plus forte proportion : le nombre des genres, de huit en 1880, est de dix-sept aujourd'hui (en négligeant les *Percichthys*), celui des espèces atteint trente-deux au lieu de quinze. Plusieurs familles sont nouvelles pour la région : *Atherinidæ*, *Discoboli*, *Blenniidæ*, *Psychrolutridæ*, *Trichiuridæ*, *Carangidæ*, la seconde et la troisième particulièrement importantes au point de vue des rapports à établir avec la faune arctique. Mais ce qui est surtout très frappant, c'est la prépondérance que conserve la famille des *Trachinidæ* : sept genres et dix-neuf espèces, plus de la moitié des types acanthoptérygiens.

On peut remarquer, à propos des poissons *Chorignathi*, l'absence complète des *Apoda*, ce qui d'ailleurs se retrouve dans la faune polaire opposée.

Les *Cyclostomata* ne présentent toujours dans ces régions qu'une seule espèce, qui paraît être d'ailleurs fort abondante.

Ces légères adjonctions à la faune fuégienne n'altèrent, on le voit, en rien, comme je l'ai déjà fait remarquer, ses caractères généraux et elle se rattache d'une manière toujours très intime à la grande faune antarctique, comprenant, avec les régions dont il est plus particulièrement question ici, les îles du Prince-Edward et Kerguelen, auxquelles il conviendrait de joindre l'île Campbell depuis la découverte, qui y a été faite, par M. Filhol, des genres *Galaxias* et *Notothenia* (*Galaxias Campbellii* Sauv., *Notothenia Filholi* Sauv.) [1].

Deux autres points sont à signaler dans les rapports de cette faune. D'une part, la différence considérable que présente la population

[1] SAUVAGE, *Notes sur quelques Poissons de l'île Campbell et de l'Indo-Chine* (*Bull. Soc. philom. de Paris*, 7e série, t. IV, p. 228).

ichtyologique marine côtière de la Tasmanie à côté d'une affinité singulière de la faune des eaux douces, où se rencontre le genre si spécial des *Galaxias*. D'un autre côté, en ce qui regarde la faune spéciale fuégienne, on trouve qu'elle remonte bien plutôt sur la côte Ouest que sur la côte opposée du continent américain, offrant une quantité assez considérable d'espèces, et le nombre s'en est notablement accru dans ces derniers temps, communes avec la faune chilienne, tandis que les espèces brésiliennes, placées cependant à des latitudes correspondantes, ne paraissent pas s'étendre jusque-là. Ce dernier fait a déjà été signalé pour d'autres groupes d'animaux et la direction connue des grands courants marins paraît en donner une explication plausible.

Il serait inutile d'insister sur les comparaisons à établir entre les faunes des deux pôles, le sujet ayant depuis longtemps attiré l'attention des zoologistes. Dans la faune arctique, c'est la même pénurie des *Elasmobranchii*, représentés d'ailleurs par des animaux analogues, des *Spinacidæ* et, pour les Pleurotrêmes, quelques Raies, une Chimère. Pour les *Abdominales*, quelques Clupes; mais, en revanche, un type spécial de véritables Salmonides, le Capelan (*Mallotus*), qui ne paraîtrait représenté dans la faune opposée que par les *Galaxias*. Malgré l'abondance plus grande des *Gadidæ*, la physionomie donnée à la faune par les *Anacanthini* reste à peu près la même : on trouve beaucoup de *Lycodidæ*; les travaux de M. Collett, dans ces derniers temps, en ont singulièrement accru le nombre; les *Pleurotonectoidei* restent rares. Ici encore les *Acanthopterygii* sont abondants et appartiennent en grande partie aux mêmes familles, dont les principales sont les *Discoboli*, les *Blenniidæ*, les *Cataphracti*, les *Scorpænidæ*; mais les *Trachinidæ* font défaut et sont remplacés d'une manière frappante par les *Cottidæ*, les animaux des deux groupes revêtant, on peut dire, les mêmes formes et j'ajouterai la même coloration dans bien des cas, comme a permis d'en juger la riche collection de maquettes coloriées rapportée par la Mission du cap Horn. C'est un nouveau fait d'équivalence dans des milieux analogues à noter. Rappelons, en terminant, la présence dans ces régions boréales d'un *Myxine*.

Enfin on peut établir certaines relations entre ces faunes polaires et la faune abyssale; mais ici, à côté de rapports incontestables, se rencontrent d'importantes différences. Nous retrouvons les Squales spinaciens, les Chimères, bon nombre d'*Anacanthini*, parmi lesquels des *Lycodidæ*, des *Macruridæ* encore plus abondants, peu de *Pleuronectoidei*, enfin des *Cyclostomata* du genre *Myxine*. Par contre, tandis que les Acanthoptérygiens sont relativement très rares dans les grandes profondeurs, les Abdominaux s'y rencontrent au contraire en grand nombre. Ajoutons que, dans la faune abyssale, la multiplicité des types génériques et spécifiques, malgré l'homogénéité que nous pouvons lui supposer sur de grands espaces, d'après ce qui en est connu aujourd'hui, doit porter à penser que les conditions de la vie y sont plus faciles et plus variées que dans les régions polaires. Pour la faune ichtyologique de celles-ci, on peut être frappé en effet du nombre relativement restreint des espèces et non moins de celui des groupes d'ordre supérieur représentés; mais la quantité des individus peut compenser cette pénurie apparente, à en juger par la quantité prodigieuse d'exemplaires recueillis par la Mission.

ÉNUMÉRATION DES ESPÈCES FAISANT PARTIE DES COLLECTIONS ICHTYOLOGIQUES RAPPORTÉES PAR LA MISSION DU CAP HORN (1).

1. Scyllium chilense Guichenot.

(*Pl.* 1, *fig.* 1, 1^a, 1^b, 1^c, 1^d, 1^e, 1^f.)

Ce Squale appartient aux *Scyllium* chez lesquels les valvules nasales ne sont pas confluentes, ne présentent pas de cirrhes, chez lesquels on observe en même temps un sillon labial très distinct, s'étendant sur la moitié de la longueur de l'une et l'autre mâchoire. Ces caractères ne se trouvent réunis que sur les *Scyllium bivium* Smith et *Scyllium chilense* Guich. Ces deux espèces ne nous sont malheureusement connues que

(1) Il n'est pas inutile de rappeler que cette énumération est incomplète par suite de la perte d'un certain nombre d'exemplaires arrivés en trop mauvais état de conservation pour pouvoir être déterminés avec certitude.

par les descriptions données par M. Smith et M. Günther; le Muséum possède, il est vrai, l'exemplaire décrit par Auguste Duméril sous le nom de *Scyllium bivium* Smith, mais on ne peut le regarder comme un type réel.

Voici le résumé comparatif, qu'on peut établir, des caractères différentiels de ces deux espèces.

	SCYLLIUM BIVIUM Smith.	SCYLLIUM CHILENSE Guich.
Valvules nasales	Tournées en dehors et en haut.	Avec une torsion vers le bas.
Dents.	Non très petites; celles de la mâchoire inférieure à pointes latérales nulles ou très peu distinctes.	Très petites; celles de la mâchoire inférieure à pointes latérales nulles.
Sclérites cutanés dorsaux.	Égaux à ceux du tronc.	Formant deux bandes un peu plus fortes que celles du tronc.
Seconde dorsale.	Généralement plus grande que la première.	Égale à la première.
Base de l'anale.	Supérieure à la moitié de la distance, qui la sépare de la caudale.	Notablement moindre que la moitié de la distance, qui la sépare de la caudale.
Couleur.	Noir brun uniforme (Günther). Brun jaunâtre en dessus avec de grandes taches brunes sur le dos (deux) et sur la queue (quatre); les espaces intermédiaires, plus petits que les taches elles mêmes, couverts de petites taches sombres. (Müller et Henle).	Des taches noires transverses, irrégulièrement rhombiques, aux parties supérieures, deux sur le tronc, quatre sur la queue, avec un semé de petites taches noires intermédiaires.

En l'absence de figures, le premier de ces caractères n'est pas très facile à interpréter; chose d'autant plus fâcheuse que, dans les descriptions données par M. Günther, il est écrit en italiques pour indiquer son importance comme caractère différentiel. Je ferai remarquer aussi que, les exemplaires examinés, un pour chaque espèce, étant des animaux secs, la forme des valvules nasales a pu être singulièrement altérée; au moins sur les spécimens, rapportés par la Mission du cap Horn, observe-t-on une grande différence sous ce rapport entre les animaux en peau et ceux conservés dans la liqueur.

Pour la constitution des dents à la mâchoire inférieure, on trouve de très grandes variations suivant la taille et peut-être le sexe. Sur les grands exemplaires, tous mâles, elles sont plutôt longues, grandes, avec des pointes latérales nulles ou peu développées, excepté les médianes, qui sont plus petites et nettement tricuspides. Pour les individus moins grands, tous femelles, ces mêmes dents sont nettement tricuspides sur toute l'étendue de la mandibule. Un individu d'assez grande taille, en si mauvais état que le sexe n'a pu être déterminé, et dont les dents détachées des cartilages ont été recueillies sans qu'il fût possible de reconnaitre le point précis des mâchoires sur lequel chacune d'elles était placée, présente ces organes (1) ayant de chaque côté une forte dentelure et des sortes de festons à la partie basilaire échancrée. Nos exemplaires se rapprocheraient donc plutôt sous ce rapport du *Scyllium bivium* Smith.

La même remarque s'applique à la disposition des sclérites, qu'on ne trouve pas sur nos exemplaires plus développés à la partie dorsale. Ils sont pédonculés; la lamelle présente une faible carène médiane se prolongeant en pointe en arrière.

La seconde dorsale est à très peu près égale à la première et la base de l'anale est sensiblement plus grande que la moitié de la distance qui la sépare elle-même de la caudale, chez les mâles au moins, car chez les femelles elle est presque égale à cette même dimension. Les mesures sont données d'après les individus conservés dans l'alcool; pour les individus en peau, par suite de la rétraction inégale des tissus, les résultats de l'examen sont contradictoires.

---

(1) *Pl.* I, *fig.* 1c.

Quant à la disposition des taches, elle est conforme à la description donnée, pour le *Scyllium chilense* Guich., par M. Günther, ou à celle donnée par MM. Muller et Henle pour le *Scyllium bivium* Smith, ces deux espèces ne paraissant pas différer sous ce rapport. D'après les maquettes coloriées, prises sur le frais, la teinte du fond est gris-souris aux parties supérieures, pâle lavé de rose, surtout pour les nageoires, aux parties inférieures; iris doré, pupille en fente verticale, noire.

C'est en résumé au *Scyllium chilense* Guich. que doivent être, je crois, rapportés ces animaux, et les quelques caractères mixtes qu'ils présentent peuvent faire penser que le *Scyllium bivium* Smith n'est pas une espèce distincte. Des réserves doivent cependant être faites, jusqu'à ce qu'on ait pu comparer les exemplaires types.

Les œufs (1) rappellent beaucoup par leur forme et leurs dimensions ceux des Roussettes de nos côtes : les stries des bords sont peu marquées. D'ailleurs ceux que j'ai pu examiner n'ont peut-être pas revêtu tous leurs caractères, car ils ont dû être pris dans l'oviducte : on peut le présumer, du moins, d'après l'état encore filamenteux des prolongements filiformes, attachés vers les coins postérieurs répondant à l'orifice de sortie du petit.

Le *Scyllium chilense* Guich. est commun dans ces régions; une douzaine d'individus, dont dix en parfait état (sept dans l'alcool), ont été rapportés. Leur taille varie de $0^{m},50$ à $0^{m},75$; les plus petits exemplaires, on l'a vu, sont tous des femelles.

Baie Orange.

Nom fuégien : Kayachaï ou Kayachaya.

3. Acanthias Lebruni *nov. sp.*

(*Pl. 1, fig.* 2, 2^a, 2^b.)

Cette espèce se rapproche beaucoup, pour la forme et l'aspect général, de l'*Acanthias vulgaris* (L.) Risso, mais s'en distingue suffisamment par la dentition. Si les dents inférieures à pointe couchée rappellent celles de l'espèce typique, les supérieures font passage à

(1) *Pl. 1, fig.* 1^f.

spiraculo-rostrale (¹) et le bord antérieur du disque nettement concave. Espace inter-orbitaire supérieur au diamètre de l'œil plus l'évent et un peu moindre que la demi-distance oculo-rostrale (²). Dents aiguës, courbées, supportées par une base arrondie; au nombre de vingt-trois environ sur une rangée transversale pour le mâle, de trente et une pour la femelle. Queue, mesurée de la naissance des ventrales à l'extrémité libre, plus courte que la distance du premier point au bout du museau. Tête, ligne dorsale, bords du disque et partie supérieure de la queue semés de sclérites granuleux, aigus, à base profondément et radiairement cannelée; une ligne de boucles sur la partie dorso-médiane de la queue et, de plus, chez le ♂, quelques boucles le long de la ligne dorsale, avec deux plaques en cardes, de trois rangées d'épines sur environ vingt et une en longueur, vers l'extrémité des ailes. La présence de ces boucles et le volume des appendices copulateurs indiquent un sujet certainement adulte.

Couleur à la partie supérieure bistre ou sépia, plus accentuée chez la femelle, qui présente, en outre, des taches de même teinte, mais foncées, assez régulièrement disposées en quinconce; dessous blanc, lavé de rose aux nageoires ventrales et aux appendices copulateurs. Iris couleur chair, cerclé de brun, avec la palmette bleuâtre.

Il serait impossible d'après les empaillés de donner les dimensions absolues d'une manière assez précise; tout ce qu'on peut dire, c'est que l'individu femelle paraît d'un cinquième environ plus grande que le mâle.

Cette espèce diffère du *Raja Lemprieri* Rich. par l'absence de boucles sus-oculaires.

Baie Orange.

Nom fuégien : OUCAÉGHIA.

6. PSAMMOBATIS RUDIS Günther.

Un petit exemplaire, dont le disque mesure 176^{mm} de large, a été dragué à bord de la *Romanche*; il porte le n° 112.

(¹) Les termes *spiraculo-rostrale, oculo-rostrale* s'appliquent aux distances mesurées par une perpendiculaire abaissée du bout du museau sur la ligne qui joint soit les évents, soit les bords orbitaires antérieurs.

(²) La *fig.* 1, faite d'après le sec, est fautive sous ce rapport.

7. Callorhynchus antarcticus Lacépède.

Un individu, long de 300^{mm}, a été rapporté par M. Lebrun. Une maquette coloriée, due à M. Heimsch et remise par M. le lieutenant Ignouff, montre que ce Poisson est rosé sur le corps et les nageoires, blanc argenté à la partie ventrale; la teinte devient violet foncé le long du dos, à la base des nageoires paires, aux bords libres des nageoires impaires; quatre taches de cette même couleur se voient : deux sur chaque côté de la tête, dont une sous l'œil, l'autre au bord du battant operculaire, les deux dernières sur les flancs, l'antérieure étant au niveau de la dorsale à aiguillon. Cette teinte violet foncé se fond partout insensiblement avec le rose.

Estuaire de Santa-Cruz de Patagonie.

8. Leptonotus Blainvilleanus Eydoux et Gervais.

Ce Poisson paraît très commun à la baie Orange. Il en a été rapporté une très belle série de douze exemplaires, parmi lesquels un mâle et deux femelles bien caractérisés, les autres étant de jeunes individus.

Ceux-ci, d'après une maquette coloriée, sont annelés de blanc et de brun, ces derniers anneaux plus larges; l'opercule est rouge; iris blanc.

Nom fuégien : Haouch appourr'h

10. Clupea arcuata Jenyns.

(*Pl.* 2, *fig.* 2.)

Le mauvais état des individus faisant partie de la collection du cap Horn rendrait la détermination de l'espèce assez difficile. Ils sont au nombre de quatre. Tous ont l'appareil branchial enlevé, opération qui a démonté les mâchoires; l'abdomen a été fendu pour enlever les viscères; ils ont subi un commencement de dessiccation.

Cependant, si l'on a égard aux proportions du corps et de la tête, à la situation de la dorsale et de la ventrale, il est évident que ces Poissons se rapprochent du *Clupea arcuata* Jenyns et qu'on peut les regarder comme appartenant à cette espèce, surtout en les comparant à des individus bien conservés rapportés des mêmes régions par M. Lebrun.

Pour les formules j'ai trouvé les nombres suivants, qui ne doivent être regardés que comme approximatifs :

D., 19; A., 18; Lig. lat., 43.

Ces animaux ont été achetés dans cet état aux Fuégiens et proviennent de la baie Ponsonby (26 juillet 1883).

M. le lieutenant Ingouff a trouvé en abondance ce même *Clupea* à Santa Cruz de Patagonie; « il se pêche à l'étale de la marée haute dans l'estuaire. Lors des grandes marées, il s'en échoue une grande quantité d'individus poursuivis par un poisson de forte taille », dont l'espèce n'a pu être déterminée.

11. Maurolicus parvipinnis *nov. sp.*

(*Pl.* 2, *fig.* 3, 3*a*.)

D., 6; A., 7.

Corps assez élevé, la hauteur ayant les deux neuvièmes de la longueur (sans compter la caudale), l'épaisseur, le onzième. Tête un peu plus longue que le corps n'est haut : le museau en occupe le tiers, l'œil les deux septièmes. Bouche grande; l'inter-maxillaire allongé, comme soutenu par le maxillaire élargi, l'un et l'autre munis de dents fines au bord libre. Intervalle inter-orbitaire près de moitié du diamètre de l'œil.

Origine de la dorsale vers les trois cinquièmes de la longueur, sa hauteur égale aux trois quarts de la hauteur du corps; adipeuse très basse, mais fort longue, plus de moitié de cette même dimension. Anale ayant son origine en arrière de celle de la dorsale. Caudale entièrement fendue en son milieu, précédée de petits rayons fulcroïdes.

Pas d'écailles réelles, bien que le tégument porte un dessin hexagonal très visible. Taches photodotiques légèrement enfoncées, formant, de chaque côté de la ligne ventrale, deux rangées très régulières sur la tête et le tronc, une seule sur le pédoncule caudal.

Dans l'état actuel de conservation, la couleur est brun rougeâtre à la partie tout à fait supérieure, argentée sur le reste du corps; les nageoires sont incolores, sauf la caudale à la base de laquelle se voit une ligne verticale foncée. D'après une note prise par les membres de la Mission, l'iris est jaune mordoré.

	mm
Longueur	44
Hauteur	10
Épaisseur	4
Longueur de la tête	12
Longueur de la nageoire caudale	8
Longueur du museau	4
Diamètre de l'œil	3,5
Espace inter-orbitaire	2

N° 84-878 *Coll. Mus.*

Ce petit *Maurolicus* ressemble beaucoup à ses congénères et se rapproche en particulier du *Maurolicus amethystino-punctatus* Cocco.

Il se distingue toutefois des espèces jusqu'ici connues par le petit nombre des rayons de ses nageoires dorsale et anale, aussi bien que par les dimensions de son adipeuse.

Deux exemplaires ont été trouvés à la baie Orange, l'un, en médiocre état, sur la plage.

Nom fuégien : Yoalaakaçi.

14. Galaxias maculatus Jenyns.

Corps entièrement bistre très clair, avec les taches de même teinte plus foncées, presque noires à la région antérieure; ventre blanc argenté; une ligne jaune de chrome longitudinale vers le tiers inférieur de la hauteur, partant de l'opercule, qui est lavé de cette couleur, et finissant avant l'anale. Iris rouge mordoré.

Ce Poisson paraît excessivement commun à la baie Orange, dans les eaux douces, où il a été trouvé en octobre et décembre 1882, en mai 1883. Les plus grands individus mesurent 110^{mm} à 120^{mm}.

17. Galaxias attenuatus Jenyns (?).

Les nombres des rayons pour la dorsale et l'anale, la forme générale rapprochent du *Galaxias attenuatus* Jen. cinq individus trouvés à la baie Orange avec les précédents; mais ils sont si petits (le plus grand mesure 59^mm de longueur totale), l'aspect est tellement celui d'un fretin, presque celui d'un alevin, que la détermination ne peut être faite d'une manière précise. En tous cas, ils ne peuvent être confondus avec les individus de même taille du *Galaxias maculatus* Jen.

Ces animaux sont, dans la liqueur, uniformément grisâtres, la ligne latérale indiquée par une série de ponctuations noires; des ponctuations analogues forment deux sortes de bandes, l'une médio-dorsale, l'autre médio-ventrale.

18. Genypterus chilensis Guichenot.

Quatre exemplaires, deux conservés dans la liqueur, deux en peau, font partie des collections de la Mission du cap Horn. Ils sont d'assez grande taille, car un des individus ne mesure pas moins de 450^mm.

D'après la meilleure des maquettes rapportées, la couleur générale du Poisson serait rouge, devenant orange sous la gorge et le ventre; des marbrures noires et blanches, nombreuses surtout aux parties supérieures, couvrent tout le corps et le dessus de la tête. Nageoires brun foncé; barbillons rouge pâle. Iris rouge vif, cerclé de blanc.

La coloration pourrait d'ailleurs subir de notables variations, car un autre individu est figuré presque uniformément chair pâle.

Sur un des exemplaires je compte six cæcums pyloriques d'un côté, quatre de l'autre. La ligne latérale est bien visible.

Ces poissons proviennent de la baie Orange; le premier des dessins cités porte : baie Indienne, île Hoste (30 mars 1883).

Nom fuégien : Ymakara ou Himakhara.

19. Murænolepis orangiensis *nov. sp.*

(*Pl.* 4, *fig.* 2, 2a, 2b.)

Ce petit Poisson, quoique un peu jeune, si on en juge par la taille, me paraît cependant devoir être regardé comme distinct du type générique de l'île Kerguelen décrit par M. Günther sous le nom de *Murænolepis marmoratus*.

Ses proportions sont assez différentes, la hauteur n'étant que le neuvième de la longueur, au lieu du cinquième ou du sixième; la tête est un peu supérieure au sixième de cette même dimension. Malgré la petitesse de l'individu, les dents sont bien distinctes aux mâchoires. L'œil est visiblement plus grand que l'espace inter-orbitaire. L'anus se trouve à une distance de la tête un peu supérieure à la longueur de celle-ci. On compte quatre rayons à la ventrale, deux plus développés bien visibles.

Il n'y a pas trace d'écailles : cela peut tenir à ce que l'individu est encore trop peu développé.

Dans l'état actuel de conservation, le corps est gris rougeâtre, couvert d'une multitude de ponctuations noires, visibles seulement à la loupe; abdomen d'un noir profond, ce qui dépend, sans doute, de la teinte du péritoine. L'iris, d'après une note prise sur le frais, est d'un jaune pâle.

	mm
Longueur	63
Hauteur	7
Épaisseur	3
Longueur de la tête	11
Longueur de la nageoire caudale	?
Longueur du museau	3,5
Diamètre de l'œil	3,2
Espace inter-orbitaire	2

N° 84-819, *Coll. Mus.*
Baie Orange.
Nom fuégien : Yallich Lif ou Yakouchlif.

20. Merluccius Gayi Guichenot.

Les couleurs de ce Poisson les rapprochent beaucoup de notre *Merluccius vulgaris* (L.) Flem.; peut-être plus pâle sur le dos, il est argenté sur tout le reste du corps; tête lavée de bistre; nageoires dorsale et anale d'une teinte sépia. Iris blanc, argenté, cerclé de brun ou doré. L'intérieur de la bouche ne semble pas être d'un noir intense comme dans l'espèce commune.

Le *Merluccius Gayi* Guich. ne paraît pas rare dans ces parages : plusieurs exemplaires, dont quelques-uns mesurent plus de 550mm de longueur totale, ont été capturés à la baie Orange.

Nom fuégien : Yapakama.

24. Lycodes latitans Jenyns.

(*Pl.* 3, *fig.* 1, 1a, 1b.)

Une fort belle série d'exemplaires, mesurant : les plus petits 60mm, le plus grand 360mm, a été rapportée par la Mission du cap Horn, ce qui nous permet de figurer ici l'animal adulte. Le plus gros était couvert d'une mucosité épaisse concrétée par l'alcool, ce qui indique chez ces Poissons une sécrétion cutanée très abondante.

Ils proviennent de la baie Orange, du New Year Sound et de différents dragages.

25. Lycodes fimbriatus Jenyns.

Deux individus, mesurant 124mm de longueur totale.

Baie Orange, sans doute, car ils ne portent pas indication de localité précise.

26. Lycodes variegatus Günther.

Quatre individus, dont trois en médiocre état, représentent cette espèce; tous sont de petite taille : environ 70mm de longueur totale.

La teinte prise d'après le frais est sépia clair sur la tête, un peu plus foncé sur le dos, la partie postérieure du corps, les nageoires dorso-anale et pectorales; des taches disséminées çà et là sont de cette même teinte, mais encore plus accusée; enfin, sur la tête, une ligne horizontale oculo-operculaire et une autre, obliquement descendante antérieure, oculol-abiale, sur le bord de la dorsale antérieurement cinq à six taches marginales, sont presque noires; ventre pâle. Iris jaune d'or.

Dragués par la *Romanche* en décembre 1882.

32. Atherinichthys laticlavia Cuvier Valenciennes.

Deux individus ont été rapportés de Rio Pesca (Patagonie) par M. Lebrun.

ENANTIOLIPARIS nov. gen.

(Ἔναντι, à l'opposite: *Liparis*, Liparis.)

Liparidibus persimiles, nisi impares pinnæ continuæ sunt et radii inferiores liberi pectoralibus haud reperiuntur.

M. Fischer a dernièrement décrit, sous le nom de *Liparis Steineni*, un Poisson qui, avec l'espèce décrite ci-après, me paraît devoir constituer un genre particulier des *Discoboli* et représenterait, dans la faune antarctique, les *Liparis* des régions polaires boréales, fait d'équivalence géographique fort intéressant, sur lequel cet auteur a déjà fixé l'attention.

Ces Poissons doivent être distingués des vrais *Liparis* Art. Chez ceux-ci les nageoires verticales peuvent être contiguës, mais ne sont pas réellement continues et ils présentent des rayons pectoraux inférieurs libres et prolongés. Ce dernier caractère se rencontre également chez les *Careproctus* Kr., lesquels ont les nageoires verticales continues comme les *Enantioliparis*.

34. Enantioliparis pallidus *nov. sp.*

(*Pl.* 4, *fig.* 3, 3^a, 3^b.)

Les dragages opérés par la *Romanche* ont rapporté deux poissons de petite taille, 40^{mm} à 50^{mm}, qu'on peut juger, quoiqu'ils soient en médiocre état, comme se rapportant à une espèce différente de celle décrite par M. Fischer. Le corps est plus élevé, la hauteur étant supérieure au quart de la longueur; le museau ne fait pas le tiers de la tête et est presque double du diamètre de l'œil, qui est contenu près de trois fois dans l'espace inter-orbitaire.

Les nageoires impaires sont complètement unies, sans qu'il y ait de caudale distincte; leur état ne permet pas d'apprécier exactement le nombre des rayons; la dorsale commence un peu avant l'extrémité de la pectorale, mais en tous cas, en arrière de sa base, l'origine de l'anale est encore plus reculée. Les pectorales, qui ne comptent pas plus de vingt rayons, se prolongent fort en avant sous la gorge, arrivant au contact l'une de l'autre; il n'y a pas de rayons inférieurs isolés et prolongés; l'extrémité de cette nageoire est loin d'atteindre l'anale. Le disque ventral parait très peu plus large que long, $5^{mm},7$ sur $5^{mm},3$, encore faut-il tenir compte de la mollesse de cet organe, dont le liquide conservateur a pu altérer la forme.

La couleur était sur le frais d'un gris rosé ou blanchâtre, lavé d'une teinte légère sépia sur la tête et à la base des pectorales.

	mm
Longueur	42
Hauteur	13
Épaisseur	13
Longueur de la tête	10
Longueur de la nageoire caudale	2
Longueur du museau	3,5
Diamètre de l'œil	2
Espace inter-orbitaire	6

N° 84-841 *Coll. Mus.*

Les deux exemplaires proviennent de la baie Orange et ont été pris en décembre 1882 par un fond de 28^{m}.

Nom fuégien : OUKARA ALLA.

38. HARPAGIFER BISPINIS Richardson.

Cette jolie espèce, dont la taille ne parait jamais excéder 70^{mm} à 80^{mm}, semble excessivement commune sur tous les points explorés par celles des *Spinax* ou des *Centroscyllium*, la pointe médiane étant plus ou moins redressée et les parties latérales bombées formant de chaque côté une élévation, qui rend la dent en quelque sorte tricuspide. Cette particularité, bien visible sur un grand exemplaire long de 700^{mm}, l'est beaucoup moins sur les petits individus où les dents sont tranchantes à l'une et l'autre mâchoires, sauf une médiane nettement tricuspide. Les aiguillons n'offrent pas de sillon latéral et le second est à peu près de même hauteur que la nageoire.

La coloration, d'après la maquette, est lie de vin, passant au sombre sur le dos, avec quelques taches claires. Iris jaune d'or ([1]).

Outre l'individu décrit comme type, la collection en renferme six petits, dont la grandeur varie de 280^{mm} à 230^{mm}.

Baie Orange : Punta-Arenas.

Nom fuégien : Kaïss ou Kaigis.

5. Raja brachyura Günther.

(*Pl.* 2, *fig.* 1, 1^a, 1^b.)

La détermination des espèces du genre *Raja* offre de si grandes difficultés que, malgré certaines différences, je crois devoir rapporter à ce type les exemplaires, au nombre de deux (♂ et ♀), recueillis par la Mission du cap Horn. Ces individus étant en peau, on se serait trouvé assez embarrassé pour juger des proportions, importantes à connaître chez ces animaux, si heureusement il n'avait été pris une photographie sur le frais, laquelle a servi fort utilement. M. Günther n'indiquant point le mode de conservation des spécimens par lui observés, il est possible que plusieurs des différences énoncées plus bas proviennent de ce fait.

Le museau de notre individu est plutôt pointu; la largeur, au niveau des évents, étant à peine d'un quart plus longue que la distance

---

(1) Un autre croquis. représentant un petit Squale désigné sous même nom fuégien, indique, avec l'iris brun, une pupille vert-émeraude, comme chez les Squales des grandes profondeurs. Est-ce la même espèce ? Cela ne paraît pas probable, d'après ce que nous connaissons de l'*Acanthias vulgaris* (L.) Risso de nos côtes. Ne serait-ce pas plutôt le *Spinax granulosus* Günt.?

la Mission et c'est par centaines que se comptent les exemplaires. Une fois quarante-quatre individus, une autre fois quarante-six ont été pris en même temps. On la rencontre sous les pierres à marée basse dans la baie Orange.

10. Notothenia tessellata Richardson.

La coloration de ce Poisson serait marron plus ou moins rouge sur le dos, passant à cette dernière teinte ou à l'orange sur le ventre et la membrane branchiostège; les nageoires et la tête tirent sur le brun. Iris rouge plus ou moins vif, bordé de noir. Les maquettes n'indiquent pas les bandes ou taches, qui existent le long des flancs; elles n'apparaissent peut-être qu'après la mort de l'animal et l'action de la liqueur conservatrice.

Ce *Notothenia* semble très abondant et une centaine environ d'exemplaires ont été rapportés au Muséum, mais il est sans doute d'une conservation difficile, car un bon tiers d'entre eux étaient en fort mauvais état.

Nom fuégien : Siouna.

11. Notothenia squamifrons Günther.

C'est à cette espèce que je crois devoir rapporter deux grands exemplaires, dont un mesure 270^{mm}, confondus d'abord avec le précédent, mais l'œil est évidemment plus grand, le nombre des écailles de la ligne latérale plus considérable (75). L'écaillure répond bien à ce qu'indique M. Günther pour la tête, seulement l'espace inter-orbitaire est plus large, de très peu inférieur au diamètre vertical de l'œil, ce qui peut dépendre de l'âge de l'individu. C'est à cette même circonstance qu'il faudrait attribuer, sans doute, la brièveté plus grande des pectorales, lesquelles se terminent bien avant d'atteindre l'anus.

La comparaison avec les individus types de l'île Kerguelen serait nécessaire pour décider d'une façon définitive si cette identité spécifique est réelle.

Baie Orange.

42. Notothenia longipes Steindachner.

Par l'ensemble de ses caractères, surtout l'acuité de son museau et son mode de coloration, un individu long de 60mm, non compris la caudale, rappelle l'espèce décrite par M. Steindachner; seulement, les bandes noires transversales, étant interrompues en leur milieu par un espace clair, se décomposent en une tache dorsale et une ventrale.

Pêché à bord de la *Romanche*, 26 juin 1883 (no 119).

43. Notothenia sima Richardson.

Espèce assez abondante, draguée à bord de la *Romanche* (nos 11, 44, 85, 150, 152, 162) dans la baie Orange, rapportée aussi par la Mission à terre.

D'après une maquette, sa teinte serait uniformément d'un brun rougeâtre, plus foncé à la partie dorsale; ventre et gorge jaune orangé; deux bandes violettes partent de l'œil en rayonnant sur la joue et le battant operculaire; nageoires impaires sépia foncée; sur la queue, à chacun des bords supérieur et inférieur, trois ou quatre taches ou bandes verticales de cette même teinte; pectorales marron, ventrales grises ou brunes. Iris jaune rougeâtre.

Nom fuégien : Ouchounaya.

45. Notothenia cornucola Richardson.

Espèce également fort commune; nombreux exemplaires provenant de la baie Orange, de la Mission à terre et des dragages.

45 *bis*. Notothenia cornucola (var. *virgata*) Richardson.

Variété moins répandue, semble-t-il, que le type, car la Mission n'en a rapporté qu'une dizaine d'exemplaires. M. Steindachner, le premier, a regardé le *Notothenia virgata* Rich. comme devant être réuni au *Notothe-*

nia cornucola Rich., dont il ne diffère guère que par la coloration et surtout la présence d'une bande médiane longitudinale pâle. Cette opinion paraît d'autant plus justifiée que, chez le jeune, cette bande n'existe souvent pas, comme j'ai pu le constater.

Baie Orange et Mission à terre.

45 *ter.* NOTOTHENIA CORNUCOLA (var. *marginata*) Richardson.

On est assez d'accord pour ne voir dans le *Notothenia marginata* de Richardson qu'une variété de coloration de son *Notothenia cornucola*, variété remarquable par sa nageoire sombre bordée de clair.

Cette livrée se rencontre sur quelques individus pris à la baie Orange et par la Mission à terre.

C'est encore au *Notothenia cornucola* Rich. que je crois devoir rapporter une série d'exemplaires pêchés au sud de l'île Gable (canal du Beagle), dans le dragage n° 111 : leur état de conservation est trop imparfait pour qu'on puisse les déterminer exactement.

D'après une maquette coloriée, ils sont uniformément d'un beau rouge carmin, sauf des espaces jaune clair sur la dorsale et l'anale, et une bande de même teinte parallèle au bord libre de la caudale. Iris grisâtre et argenté, avec un petit cercle intérieur rouge vermillon vif bordant la pupille.

Nom fuégien : OUMOUCH.

46. NOTOTHENIA CYANEOBRANCHA Richardson.

Deux individus, assez différents de tous les autres, me paraissent devoir être rapportés à cette espèce; toutefois, comme ils sont de petite taille (le plus grand mesure 120^{mm} et l'exemplaire décrit et figuré par Richardson atteignait 267^{mm}), l'assimilation reste douteuse.

Baie Orange.

50. Notothenia macrocephala Günther.

(*Pl.* 3, *fig.* 2, 2^a, 2^b, 2^c, 2^d.)

Ce *Notothenia* se distingue à première vue de toutes les autres espèces par la petitesse de l'œil, qui équivaut environ au quart de l'espace inter-orbitaire et au tiers du museau; la tête a une forme globuleuse caractéristique, elle est finement écailleuse jusqu'au niveau des yeux.

Bien que le *Notothenia macrocephala* ne soit décrit que d'une manière succincte par M. Günther, cependant je crois qu'il ne peut y avoir doute sur l'identité spécifique. Certains individus n'ont que quatre épines dorsales au lieu de cinq; la formule des écailles donne 8/63 17.

Les exemplaires, au nombre de sept, proviennent tous de la baie Orange.

Un certain nombre de maquettes, se rapportant à des espèces, qu'on n'a pu déterminer, du genre *Notothenia*, indiquent chez ces animaux des colorations d'une variété et d'une richesse dont les individus en collection ne peuvent donner aucune idée.

51. Chlenichthys esox Günther.

Malgré quelques légères différences, les individus dont il est ici question paraissent devoir être rapprochés de l'espèce établie par M. Günther.

Sur ces exemplaires la mâchoire inférieure est à peine égale, plutôt un peu plus courte que la supérieure. Je ne vois sur l'opercule qu'une épine, bifurquée assez près de sa base et se dirigeant directement en arrière. La seconde ligne latérale commence plus en avant, au moins sous le huitième avant-dernier rayon de la seconde dorsale.

Il faut d'autant moins avoir égard à ces particularités que la description du savant ichtyologiste du British Museum a été faite sur un individu en peau.

D'après une maquette prise à bord du *Volage*, la teinte est sépia sur le dos, bleuâtre aux parties inférieures, les nageoires et les taches de la première teinte, claire pour celles-ci, foncée pour celles-là. Iris jaune doré.

Canal du Beagle et baie Orange (23 mars 1883), cap Froward. Les plus grands exemplaires mesurent 260^{mm}, non compris la nageoire caudale.

Nom fuégien : Tsataki.

53. Cottoperca Rosenbergii Steindachner.

(*Pl. 4, fig.* 1, 1^a, 1^b, 1^c, 1^d, 1^e, 1^f.)

Dans le premier classement, cette espèce avait été méconnue, la figure donnée par M. Steindachner [1] paraissant indiquer un poisson plus allongé, à tête plus courte, que les exemplaires que nous possédons, et surtout ne montrant pas les singuliers prolongements cutanés qui ornent les flancs et forment des groupes composés de un à cinq filaments blanc jaunâtre, espacés sur une ligne courant vers le tiers inférieur de la hauteur. Il est fait mention dans le texte de ces prolongements et de ceux qui ornent la tête; c'est le globe oculaire lui-même, écailleux en ce point, qui, chose singulière, supporte un tentacule, lequel n'est pas ici placé au-dessus de l'orbite comme chez les autres Poissons, les *Scorpæna* par exemple, où l'on rencontre des appendices analogues.

La couleur de cet animal serait d'un beau rouge sur les parties supérieures, blanche ou jaunâtre sur le ventre avec des taches d'un brun sépia; c'est le système de coloration des Cottes, des Scorpènes, etc. Iris vert.

L'individu type provenait de la côte Ouest de la Patagonie; les nôtres, au nombre de cinq, viennent de l'île Gable, de la baie Orange et de la rade de Gorée (au sud-est de l'île Navarin).

Nom fuégien : Yakouroum.

54. Eleginus maclovinus Cuvier et Valenciennes.

Ce Poisson peut atteindre une taille considérable, jusqu'à 750^{mm}, et peser plus de 2^{kg}.

---

(1) *Ichthyologische Beiträge*, III, *Pl. V, fig.* 5.

Les teintes présenteraient certaines variations, les parties supérieures étant bistre ou gris bleuâtre, parfois très clair, le ventre pâle; les nageoires sont plus foncées, sauf l'anale qui tire sur le rose; dans le cas où la teinte générale est claire, la ligne latérale apparaît en sombre et un trait noir descend verticalement au-devant de l'œil pour gagner la commissure labiale. Iris rouge plus ou moins foncé.

Baie Orange, Santa Cruz, Punta-Arenas.

« Ce Poisson, très commun dans l'estuaire du Santa Cruz, se prend sur les bancs de sable et de vase à l'étale de haute mer; un coup de seine en rapporte parfois une centaine de kilogrammes. La chair, assez fade et molle, devient sèche à la cuisson. »

Nom fuégien : Hiamouch.

58. Thyrsites atun Cuvier et Valenciennes.

Un exemplaire, long de près de 1m, a été pêché à la baie Orange et rapporté.

A bord de la *Romanche* un individu, peut-être, de la même espèce, a été pris à la baie Tilly (détroit de Magellan), mais il était dévoré par des Myxines, renfermées avec lui dans le tramail, aussi le dessin, seule chose qui nous en soit connue, présente-t-il certaines inexactitudes et ne permet pas une détermination précise.

59. Seriolella porosa Guichenot.

La Mission a rapporté de la baie Orange un Poisson scombriforme, mais en peau, ce qui en rend l'étude assez difficile; il se rapporte cependant, sans aucun doute, au genre *Seriolella* Guich.

Cet animal est d'assez grande taille, ne mesurant pas moins de 440mm, non compris la caudale; la hauteur fait les deux neuvièmes de la longueur; l'épaisseur est moitié moindre, d'après des mensurations faites sur le frais. La longueur de la tête égale la hauteur du corps; le museau, arrondi, en occupe les trois onzièmes; bouche médiocre transversale, le maxillaire dépasse de très peu le bord antérieur de l'œil, les mâchoires sont faibles, armées de petites dents mousses, voûte palatine inerme. Œil assez développé, occupant le cinquième de la longueur de la tête; l'espace inter-orbitaire est de moitié plus grand. Les sous-orbitaires forment une bande, peu élargie, autour de l'orbite et ne se prolongent pas jusqu'au préopercule. Orifice branchial large, membrane branchiostège libre, supportée par sept rayons. Le préopercule s'étend fortement en bas donnant une courbe arrondie; l'opercule se prolonge légèrement en arrière en angle peu aigu. Le dessus de la tête est couvert d'une peau granuleuse; il est difficile de savoir si elle supportait ou non des écailles. On ne voit pas nettement celles-ci sur les joues, quoiqu'il y ait une sorte de réticulation pigmentaire indiquée sur l'une des maquettes.

La ligne latérale est continue, placée vers le tiers supérieur du corps sur la plus grande partie de la longueur; tout à fait en arrière, sur le pédoncule caudal, elle gagne le milieu de la hauteur. Anus très reculé, quelque peu en avant du tiers postérieur.

C'est surtout pour la disposition et la composition des nageoires que l'état de l'animal met obstacle à une étude un peu complète. En s'aidant des maquettes, dont une surtout est faite avec beaucoup de soin, on reconnaît qu'il existe deux dorsales : l'antérieure, basse et très courte, est formée de quatre ou cinq épines, faibles, peu élevées, reliées par une membrane; la postérieure, dont l'origine se trouve très peu en arrière de la précédente et à une distance du bout du museau égale environ à une fois trois quarts la longueur de la tête, est au contraire fort allongée, près de moitié de la longueur totale, et plus élevée. L'anale lui ressemble, mais est moitié plus courte, se terminant d'ailleurs au même niveau. Caudale fortement échancrée. Pectorales falciformes, dépassant l'origine de la seconde dorsale; ventrales peu développées, nettement en arrière des précédentes, sans être toutefois franchement abdominales.

Corps d'un beau bleu grisâtre sur le dos et les joues, argenté sur le ventre; le dessus de la tête et toutes les nageoires bistre, ainsi qu'une tache carrée au-dessus du pli operculaire. Iris bleuâtre. Une autre maquette indique les nageoires comme rougeâtres, ainsi que l'iris.

Baie Orange, assez commun, en mai 1883.

Nom fuégien : Laçarh' ou Lassarh'.

60. Agonus chiloensis Jenyns.

A l'état frais, ce Poisson est d'un bistre clair avec des teintes sépia foncée sur les côtés de la tête et six ou sept bandes verticales de même couleur entourant le corps; la première de celles-ci est immédiatement derrière la nuque et la plus étroite, la deuxième s'étend un peu sur la première dorsale, la troisième répond à l'intervalle qui sépare les nageoires supérieures, les deux suivantes à la seconde de celles-ci, les deux dernières se trouvent sur le pédoncule caudal.

Plusieurs individus ont été capturés, toujours dans des dragages.

Baie Orange, canal du Beagle.

Nom fuégien : Aayakich.

61. Agriopus hispidus Jenyns.

Un individu, dragué par 26^{m} de profondeur, le 4 janvier 1883, était d'une teinte sépia claire, sauf une bande plus foncée le long du dos, de petits traits rayonnants autour de l'œil et des ponctuations assez régulièrement alignées sur toutes les nageoires, les joues, la poitrine et le ventre; la teinte générale est lavée de rouge sur quelques points.

Dans son état actuel de conservation, l'exemplaire mesure 42^{mm}, dont 9^{mm} pour la queue. La maquette le figure un peu plus grand (68^{mm}, dont 13^{mm} pour la queue).

Baie Orange.

Nom fuégien : Tchirs mammachou.

64. Percichthys lævis Jenyns.

Le corps est brun verdâtre aux parties supérieures, blanc sous le ventre; les nageoires sont de la première de ces teintes. Iris rougeâtre.

Santa Cruz.

« Ce Poisson, d'un goût très délicat se pêche dans le haut du fleuve, on le trouve cependant de temps à autre à mer basse dans l'estuaire, aux grandes marées, alors que les eaux sont presque douces. »

66. Myxine australis Jenyns.

Je ne puis qu'insister ici sur la faiblesse des caractères qui distingueraient cette espèce du *Myxine glutinosa* Lin., point sur lequel Jenyns a déjà attiré l'attention. M. Günther a indiqué dans son Catalogue une particularité, qui ne serait pas sans valeur, tirée du nombre aussi bien que de la disposition des odontoïdes composant les mâchoires : on en trouverait dix ou onze dans l'espèce antarctique, les trois postérieurs à la mâchoire externe, les deux correspondants à l'interne les plus développés et soudés à leur base. Ce caractère ne se vérifie malheureusement pas sur nos exemplaires. Je ne trouve partout que deux odontoïdes soudés, et le nombre de ceux-ci varie de huit à dix à l'une et l'autre mâchoire, comme pour le *Myxine glutinosa* Lin.

La forme du corps, le plus ou moins d'écartement des trous branchiaux, l'élévation de la nageoire caudale, la coloration ne paraissant pas avoir une bien grande importance pour des animaux dont la contractilité est si grande, on doit regarder ce Poisson comme une simple variété de l'espèce linnéenne.

Les œufs mûrs, pris dans le corps de l'animal, mesurent 17^{mm} de long sur $4^{mm},5$ de diamètre, leurs extrémités sont hémisphériques, encore simples.

D'après une maquette faite à bord du *Volage*, la couleur est d'un beau violet, pâle sous le ventre.

Très commun sur tous les points et rapporté de la baie Orange, du New Year Sound, de Punta-Arenas. Certains individus mesurent au moins 600^{mm}.

« Cet animal s'introduit dans les tramails et dévore les autres poissons, qui s'y trouvent pris; il s'attaque d'abord à l'abdomen et ne laisse subsister que la tête, la queue et les arêtes. »

Nom fuégien : Chkoutaouélik.

APPENDICE.

Tous les Poissons récoltés ou vus par la Mission du cap Horn, la remarque en a été déjà faite, n'ont pu prendre place dans cette liste, soit que les individus fussent en trop mauvais état de conservation pour être déterminés, ainsi un petit Pleuronecte, soit qu'il s'agisse de maquettes transmises sans exemplaires à l'appui.

Cependant je crois devoir signaler parmi ces dernières un croquis exécuté, sous la direction de M. Ingouf, commandant le *Volage*, par M. Heimsch, deuxième maître mécanicien. Il représente, vu de côté et de dos, un animal d'une forme assez caractéristique pour qu'on puisse le rapporter, sans trop de hardiesse, au genre *Cyclopterichthys* fondé par M. Steindachner pour le *C. glaber* Steind., pêché dans la mer d'Okhotsk. Le poisson pris par le *Volage* est également diodoniforme, avec une seule dorsale courte, très reculée, répondant à une anale de même aspect. Les proportions générales en sont très exactement données : la longueur totale était de 360mm; la hauteur du corps et la longueur de la tête égales, 150mm; celle-ci occupe donc un peu plus des deux cinquièmes de la première, tandis que dans l'espèce typique elle n'en fait que le tiers. Ce caractère paraît suffisant pour justifier une distinction spécifique et je proposerais d'appeler ce nouveau poisson le *Cyclopterichthys amissus*.

Tout le corps est de couleur lie de vin clair, parsemé de taches de la même teinte beaucoup plus foncée, passant sur la joue au brun. Iris jaune doré.

Il provient de la baie Tilly (détroit de Magellan).

TABLE ALPHABÉTIQUE DES ESPÈCES DÉCRITES.

		Pages.			Pages.
3.	*Acanthias Lebruni* n. sp.	13	38.	*Harpagifer bispinis* Rich	23
60.	*Agonus chiloensis* Jen.	31	8.	*Leptonotus Blainvilleanus* Eyd. et G.	16
61.	*Agriopus hispidus* Jen.	31	23.	*Lycodes fimbriatus* Jen.	21
32.	*Atherinichthys laticlavia* C. V.	22	24.	— *latitans* Jen.	21
7.	*Callorhynchus antarcticus* Lacép.	16	26.	— *variegatus* Günt.	21
51.	*Chœnichthys esox* Günt.	27	11.	*Maurolicus parvipinnis* n. sp.	17
10.	*Clupea arcuata* Jen.	16	20.	*Merluccius Gayi* Guich.	21
53.	*Cottoperca Rosenbergii* Steind.	28	19.	*Murænolepis orangiensis* n. sp.	20
54.	*Eleginus maclovinus* C. V.	28	66.	*Myxine australis*, Jen.	32
34.	*Enantioliparis pallidus* n. g. et sp.	22	45.	*Notothenia cornucola* Rich.	25
13.	*Galaxias attenuatus* Jen.	19	45*ter*.	— — (var. *marginata*)	26
14.	— *maculatus* Jen.	18	45*bis*.	— — (var. *virgita*)	25
18.	*Genypterus chilensis* Guich.	19	46.	— *cyaneobrancha* Rich.	26

	Pages
42. *Notothenia longipes* Steind.......	25
50. — *macrocephala* Günt...	27
43. — *sima* Rich...........	25
41. — *squamifrons* Günt.....	24
40. — *tessellata* Rich.......	24
64. *Percichthys lævis* Jen............	31
6. *Psammobatis rudis* Günt.........	15
5. *Raja brachyura* Günt............	14
1. *Scyllium chilense* Guich..........	10
59. *Seriolella porosa* Guich..........	29
58. *Thyrsites atun* Euph.............	29

EXPLICATION DES PLANCHES.

(A moins d'indication contraire, les figures sont de grandeur naturelle).

Planche 1.

Fig. 1. *Scyllium chilense* ♂, Guichenot. Réduit à moitié de la grandeur naturelle.
Fig. 1[a]. Tête vue en dessus.
Fig. 1[b]. Tête vue en dessous.
Fig. 1[c]. Dent prise à la mâchoire supérieure. Grossiss. : 9 diam.
Fig. 1[d]. Dent prise à la mâchoire inférieure. Grossiss. : 9 diam.
Fig. 1[e]. Dent prise sur un individu en mauvais état, de sexe indéterminé. Grossiss. : 9 diam.
Fig. 1[f]. Œuf.
Fig. 2. *Acanthias Lebruni* n. sp. Réduit à moitié de la grandeur naturelle.
Fig. 2[a]. Dent prise à la mâchoire supérieure. Grossiss. : 9 diam.
Fig. 2[b]. Dent prise à la mâchoire inférieure. Grossiss. : 9 diam.

Planche 2.

Fig. 1. *Raja brachyura* ♂, Günther. Réduit à moitié environ de la grandeur naturelle; vu en dessus.
Fig. 1[a]. Le même, vu en dessous.
Fig. 1[b]. Dents du même.
Fig. 2. *Clupea arcuata* Jenyns.
Fig. 3. *Maurolicus parvipinnis* n. sp. Grossiss. : 2,5 diam.
Fig. 3[a]. Dimensions réelles du même.

PLANCHE 3.

Fig. 1. *Lycodes latitans* Jenyns. $\frac{4}{5}$ de la grandeur naturelle.
Fig. 1^{a}. Tête du même, vue en dessus. $\frac{4}{5}$ de la grandeur naturelle.
Fig. 1^{b}. Tête du même, vue en dessous. $\frac{4}{5}$ de la grandeur naturelle.
Fig. 2. *Notothenia macrocephala* Günther.
Fig. 2^{a}. Tête du même, vue en dessus.
Fig. 2^{b}. Tête du même, vue en dessous.
Fig. 2^{c}. Écaille des flancs. Grossiss. : 4 diam.
Fig. 2^{d}. Écaille de la ligne latérale. Grossiss. : 9 diam.

PLANCHE 4.

Fig. 1. *Cottoperca Rosenbergii* Steindachner.
Fig. 1^{a}. Tête du même, vue en dessus.
Fig. 1^{b}. Tête du même, vue en dessous.
Fig. 1^{c}. Sagitta du côté droit, face supéro-interne. Grossiss. : 9 diam.
Fig. 1^{d}. Le même : face inféro-interne. Grossiss. : 9 diam.
Fig. 1^{e}. Écaille du corps. Grossiss. : 9 diam.
Fig. 1^{f}. Écaille de la ligne latérale. Grossiss. : 9 diam.
Fig. 2. *Murænolepis orangiensis* n. sp.
Fig. 2^{a}. Tête du même, vue en dessus. Grossiss. : 3 diam.
Fig. 2^{b}. Tête du même, vue en dessous. Grossiss. : 3 diam.
Fig. 3. *Enantioliparis pallidus* n. sp.
Fig. 3^{a}. Le même, vu en dessus.
Fig. 3^{b}. Le même, vu en dessous.

1
1/2
2
1/2

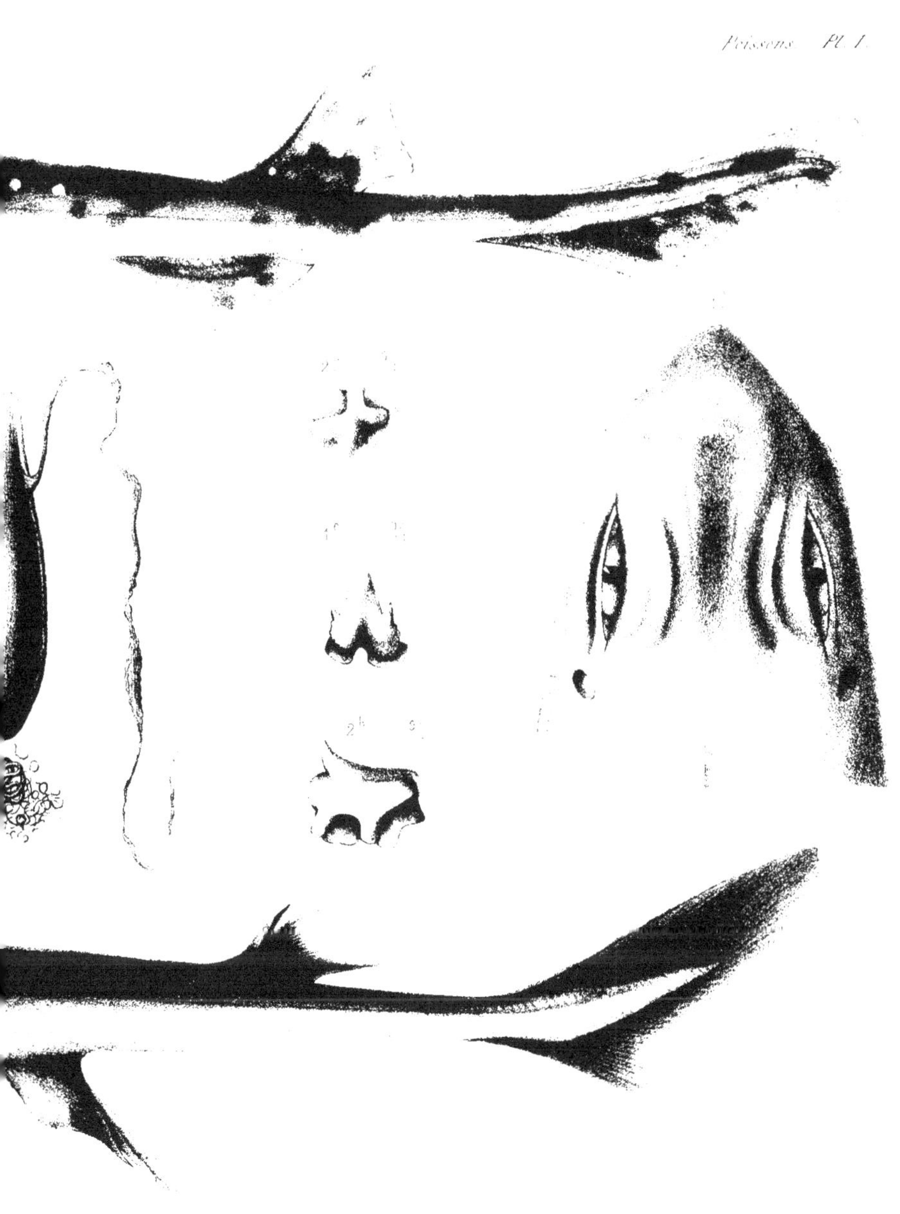

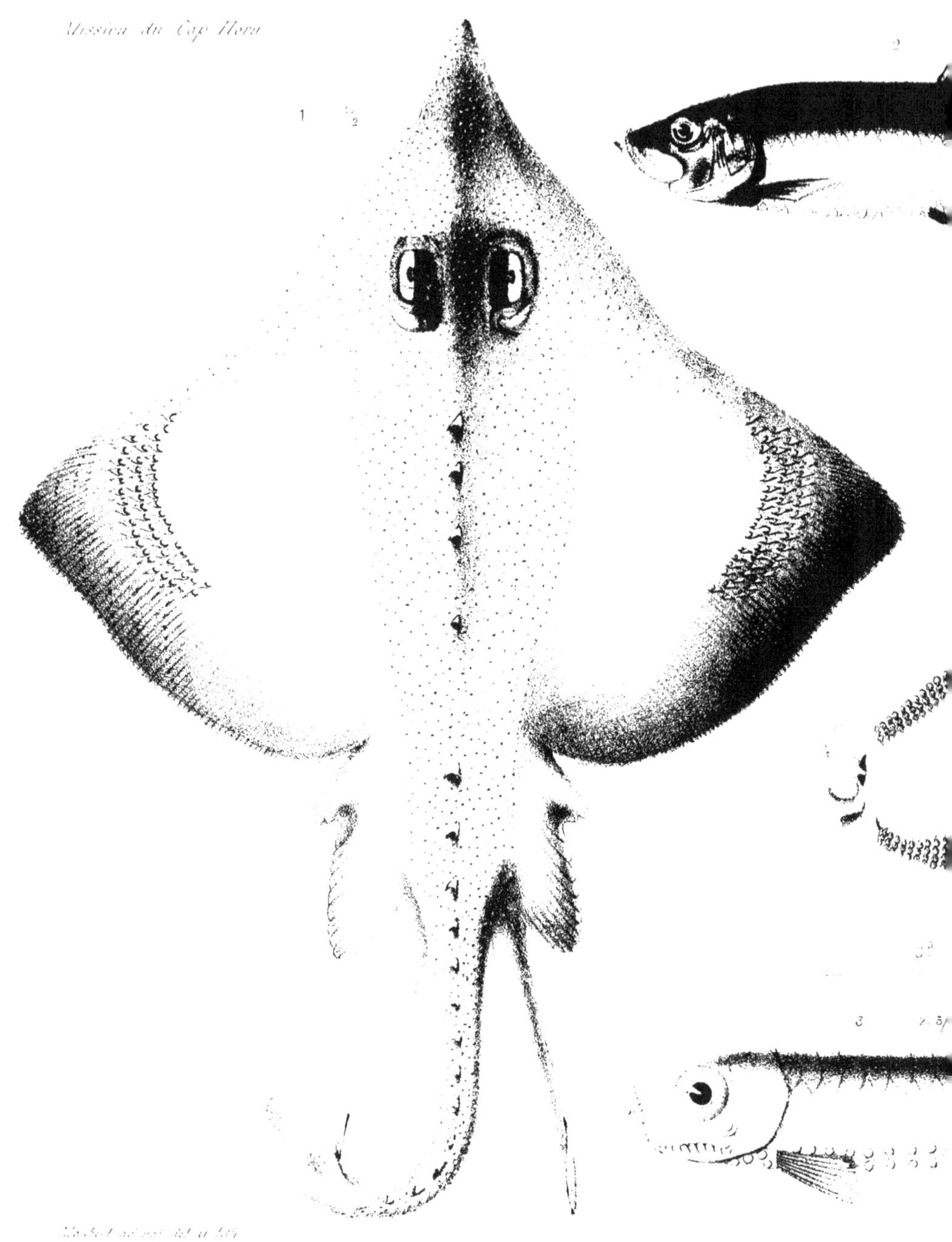

Maubert ad nat. del. et lith.

1. Raja brachyura Gu...
3. ...

2. Clupea arcuata Jenyns
ervipinnis n. sp.

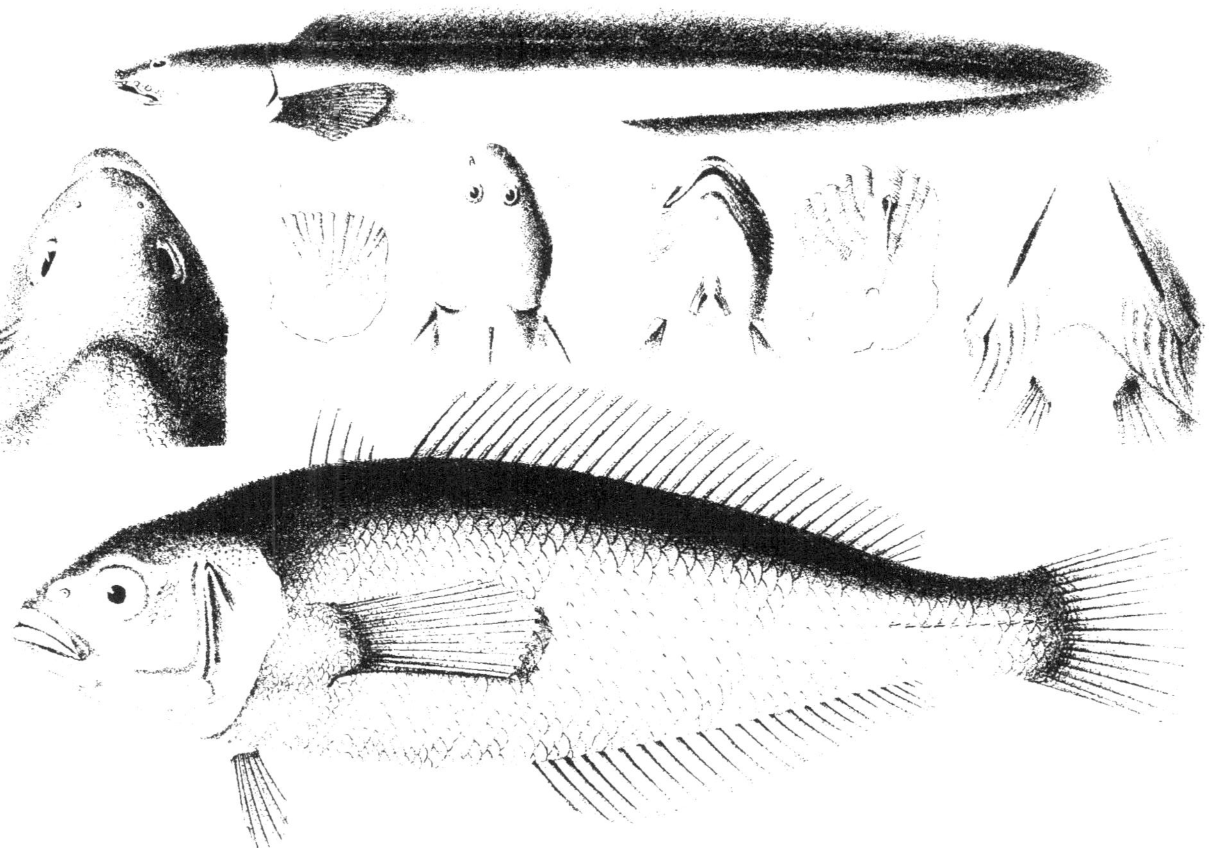

Imp. Becquet f. Paris

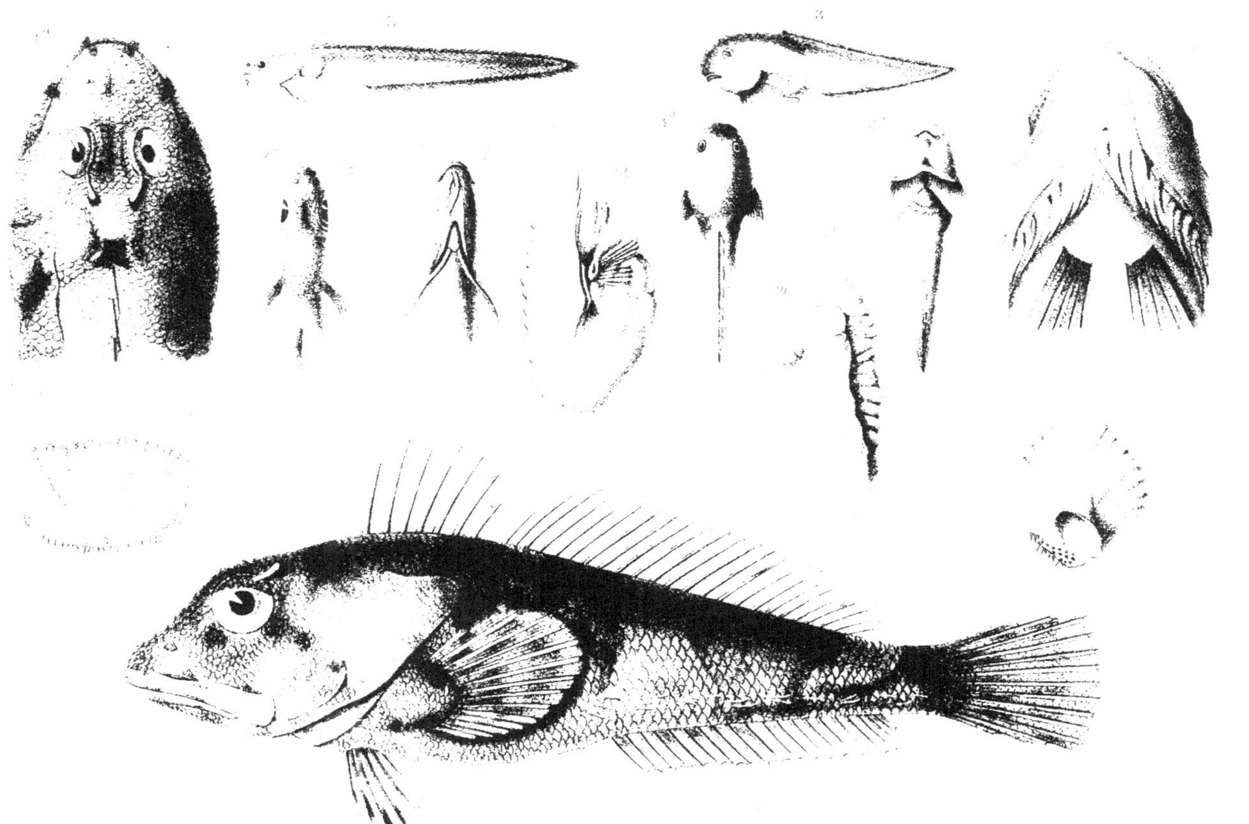

[illegible] ad nat. del. et lith.

Imp. Becquet fr. Paris

1. Cottoperca Rosenbergii, Steind. — 2. Muræanolepis orangiensis, n. sp.

www.ingramcontent.com/pod-product-compliance
Ingram Content Group UK Ltd.
Pitfield, Milton Keynes, MK11 3LW, UK
UKHW021029180726
13838UKWH00004B/1698

9 782329 379012